DIE PRACHT
DER GÄRTEN HAT
STETS DIE LIEBE
ZUR NATUR ZUR
VORAUSSETZUNG.

Germaine Baronin
von Staël-Holstein (1766–1817)

GÄRTNERN
FAST OHNE GIEßEN

mit Tassilo Wengel

Wir bedanken uns bei allen, die uns unterstützt haben.

Gerichtsweg 28, 04103 Leipzig
Tel.: 0341 / 493574-0, Fax: 0341 / 493574-40
buchverlag-leipzig@vggh.de
www.buchverlag-leipzig.de

Foto Seite 2: Steppen-Salbei in Weiß und Violett (siehe S. 60)
Bildnachweis: Seite 128
Einband, Satz, Layout: serfling.media, Leipzig
Druck: Druckhaus Gera
Binden: Müller Buchbinderei GmbH, Leipzig
Printed in Germany

1. Auflage 2025

ISBN 978-3-89798-697-8

Inhalt

OHNE WASSER KEIN LEBEN

Wasser ist für die Existenz von Pflanzen genauso unabdingbar wie für Mensch und Tier. Deshalb steigern länger anhaltende Trockenperioden bei Gartenbesitzern die Sorge um ein optimales Gedeihen der Pflanzen. Nicht ohne Grund, denn die meisten Stauden leiden vor allem in regenarmen Zeiten und benötigen zusätzlich Wasser.

Gab es schon immer jahreszeitlich wechselnde Phasen mit mehr oder weniger Regen, hat sich die Tendenz zu regenarmen Sommern in manchen Regionen verstärkt, sodass im Garten öfter mit zusätzlichen Wassergaben nachgeholfen werden muss.

Klatschmohn (siehe Seite 109) im Hausgarten

Allerdings gibt es auch zahlreiche Pflanzen, die längere Trockenzeiten leicht überstehen, gut wachsen und reichlich Blüten ansetzen. Es sind vor allem Arten aus Lebensräumen, die auf Grund ihrer gewohnten heimatlichen Verhältnisse Hitzetage problemlos wegstecken. Eine Auswahl von schönen Blumen, Stauden, Sträuchern oder Gehölzen für sonnige Flächen oder trockenen Schatten wird ab Seite 28 vorgestellt.

MERKMALE DER »TROCKENHELDEN«

Wer sich etwas näher mit dem **natürlichen Standort** Trockenheit tolerierender Pflanzen beschäftigt, findet zahlreiche Stauden, ein- und zweijährige Pflanzen wie auch Sträucher oder Gehölze, die gut angepasst sind und längere Trockenzeiten aushalten. Solche Pflanzen stammen vor allem aus periodisch trockenen und heißen Gebieten mit wenig Regen und viel Sonne während der Blühphase, kargem Standort oder durchlässigem Boden. Beispiele hierfür sind Steppen und Halbwüsten, Teile der Prärien Nordamerikas oder auch der Mittelmeerraum, wo auf Niederschläge im Winter heiße, trockene Sommer folgen. Auch auf heimatlichen, kargen Brachflächen und Gesteinsschutthalden wachsen verschiedene anspruchslose Pflanzen, die Farbe in den Garten bringen.

Trockenheit tolerierende Pflanzen erkennt man z. B. am **Aussehen**, das Hinweise auf den natürlichen Lebensraum, Standort- und Lebensbedingungen gibt. Ein auffallendes Merkmal ist die silberne Blattfärbung, häufig mit dichter Behaarung verbunden. Sie verleiht zum Beispiel dem Wollziest *(Stachys byzantina)*, der Silberraute *(Artemisia schmidtiana)* oder dem Heiligenkraut *(Santolina chamaecyparissus)* nicht nur ein interessantes Aussehen, sondern schützt auch vor intensiver Sonne und Trockenheit.

Steppenkerze (Eremurus turkestanicus)
am Naturstandort Felssteppe

Andere Arten haben im Laufe ihrer Anpassung an den Lebensraum **Speicherorgane** wie Zwiebeln oder Knollen gebildet, mit deren Hilfe sie Trockenzeiten gut überstehen. Dazu gehören zahlreiche Frühblüher wie Schneeglöckchen *(Galanthus)*, Krokusse *(Crocus)*, Lerchensporn *(Corydalis)*, Narzissen *(Narcissus)*, Spanisches Hasenglöckchen *(Hyacinthoides hispanica)* oder Tulpen *(Tulipa)* – siehe Foto –, auch die später blühenden Laucharten *(Allium)*.

Arten wie Schwertlilien *(Iris)* oder Fackellilien *(Kniphofia)* haben Rhizome als Wasserspeicher. Andere Arten speichern Wasser in den Blättern und fallen als dickfleischige Pflanzen auf. Schöne Beispiele sind typische Steingartenpflanzen wie Hauswurz *(Sempervivum)*, Fetthenne *(Sedum)* oder Steinbrech *(Saxifraga)*.

Einen ganz anderen Weg gehen kurzlebige Pflanzen an ihrem natürlichen Standort. Sie überdauern Trockenzeiten als **Samen im Boden** und warten, bis die Bedingungen wieder günstig sind. Schon nach einigen Regentagen erwachen sie zu neuem Leben und überziehen die Fläche mit einem grandiosen Farbenspiel. Solche Beispiele findet man vor allem in Halbwüsten- und Wüstengebieten oder in anderen periodisch trockenen Regionen.

DER IDEALE BODEN?

Gartenböden sind in ihrer Struktur und Fähigkeit das Wasser zu speichern recht unterschiedlich. Die Palette reicht von Sandböden, die leicht, feinkörnig und wenig fruchtbar sind bis zu schweren Böden. Das Wasser ist schnell versickert und nimmt dabei die wenigen Nährstoffe mit. Lehmboden ist allgemein schwer und gut Wasser speichernd, allerdings kommt es bei länger anhaltenden Regenphasen auch zu Staunässe, die manche Pflanzen nicht gut vertragen. Ideal ist eine Mischung aus Lehm, Sand und Ton mit Humusanteilen. Tonböden sind meist verdichtet und sehr wasserundurchlässig und nur für wenige Pflanzen geeignet, wenn sie nicht bearbeitet und verbessert werden. In Phasen längerer Trockenheit leiden die meisten Pflanzen auf allen Bodenarten ohne zusätzliche Wasserzufuhr. Um farbenfrohe Beete zu schaffen und dem Vertrocknen der Pflanzen vorzubeugen, ist die Auswahl von Trockenheit tolerierenden Arten und Sorten eine empfehlenswerte Alternative.

NATÜRLICHE LEBENSRÄUME
ALS ANREGUNG

Die verschiedenen Lebensräume in der Natur bieten Anregungen, wie man durch eine vorausschauende Gestaltung im Garten bestimmten Pflanzen einen optimalen Standort schaffen kann.

Steppenartige Pflanzungen

Sie orientieren sich am Lebensraum Steppe, das sind Graslandschaften auf trockenen, gut durchlässigen, neutralen bis alkalischen Böden in vollsonniger Lage, die nur vereinzelt von Gehölzen unterbrochen werden. Hier dominieren Arten, die nach kühlen, feuchteren Wachstumszeiten heißen und trockenen Perioden ausgesetzt sind und sich der Sommertrockenheit und Hitze ideal angepasst haben. Typische Pflanzenarten sind Gräser, verschiedene Blumenzwiebel- und Knollengewächse, ein- und zweijährige Arten sowie ausdauernde Stauden. Im Garten bieten solche Bedingungen trockene Gartenflächen ohne Gehölze in sonniger Lage.

Felssteppe

Die Vegetation ist mehr oder weniger lückig, denn viele, Wärme und Trockenheit liebende Pflanzen fühlen sich in Böden wohl, die durch Steine oder Felsbrocken durchsetzt sind. Diese Pflanzenarten profitieren auch durch die wärmespeichernde Kraft des Ge-

Steppenartige Pflanzung: Kleopatranadel (Eremurus) und Orientalische Iris (Iris orientalis) »

steins Das Wasser läuft schnell durch die Spalten der Steine ab, sodass vor allem nässeempfindliche Stauden hier ihren besten Platz finden. Im Garten lassen sich solche Lebensräume am besten durch die Anlage eines Steingartens oder von Trockenmauern (siehe Foto) schaffen.

Trockenrasen

In der Natur entstehen, meist an südlichen Hängen, trockene Standorte auf Kalk, oft auch mit Sand- oder Kiesboden, die eine reiche, Trockenheit verträgliche Pflanzenwelt beherbergen. Es siedeln sich Pflanzenarten an, die sich den schwierigen Lebensbedingungen anpassen und Trockenheit gut vertragen. Im Laufe der Zeit haben sie Mechanismen, wie tief reichende Wurzelsysteme

oder kleine, oft behaarte Blätter, entwickelt, um den Standortbedingungen zu entsprechen. Einige typische Pflanzenarten in diesem Lebensraum sind Leinarten *(Linum)*, Küchenschelle *(Pulsatilla vulgaris)*, Silberdistel *(Carlina acaulis)*, Tauben-Scabiose *(Scabiosa columbaria)* oder Karthäuser-Nelke *(Dianthus carthusianorum)*. Im Garten bieten solche Bedingungen vor allem Böschungen oder sanft abfallende Gelände, wo das Wasser schnell abläuft. Häufig siedeln sich hier von selbst Rasengesellschaften an.

Wälder und Waldsäume

Viele Trockenheit vertragende Gartenpflanzen sind Pflanzen des Waldes, denn der Boden der Wälder ist in der Regel trocken. Nur da, wo Wasserläufe den Boden befeuchten

Küchenschelle (siehe Seite 110) im Trockenrasen

oder in den Bergen, wo Rinnsale durch schmelzende Schneefelder den Boden feucht halten, wachsen andere Arten. Die Lichtverhältnisse sind auch unterschiedlich und dementsprechend die Auswahl an Arten. Im Inneren des Waldes gedeihen trockenen Schatten liebende Arten wie Maiglöckchen *(Convallaria majalis)*, Waldmeister *(Galium odoratum)*, Buschwindröschen

(Anemone nemorosa), Gelbes Windröschen *(Anemone ranunculoides)*, Günsel *(Ajuga reptans)* und andere. Auch an der Nordseite des Hauses, im schattigen Hinterhof oder an einem schattigen Sitzplatz gedeihen solche Pflanzenarten.

Anders ist die Situation am Waldrand, wo Sonne und Schatten wechseln und nach Feuchte im Winter und Frühjahr im Sommer durch die Wurzelkonkurrenz der Gehölze Trockenheit herrscht. Solche Situationen

Buschwindröschen mit Gelbem Windröschen

findet man im Garten im Bereich der Laub- und Nadelgehölze.

Sonnige Blumenwiesen

In naturnah gestalteten Gartenbereichen lassen sich Blumenwiesen mit Wildstauden anlegen. Geeignet sind vor allem solche Flächen, die sonnig und nährstoffarm sind. Hier können zahlreiche Wildstauden ausgesät werden, die sich als einjährige Sommerblumen jedes Jahr neu aussäen und erhalten. Schöne Beispiele sind Kornfelder oder Wiesenraine mit Kornblumen und Klatschmohn. Auch reich blühende, ausdauernde Stauden bieten sich auf solchen Blumenwiesen an. Teilweise verbreiten sie sich auch durch Selbstaussaat und nehmen immer größere Flächen ein.

PFLEGE NACH DEM PFLANZEN

So anspruchslos die Trockenheit tolerierenden Pflanzen sind, benötigen sie nach dem Pflanzen zunächst Pflege. Bis sie richtig eingewachsen sind, ist das Gießen die wichtigste Maßnahme. Wenn im Frühling gepflanzt wurde, überstehen sie den ersten Sommer gut, wenn ihnen in längeren Trockenperioden mit gelegentlichen Wassergaben geholfen wird. Manche Pflanzen benötigen bis zum Einwachsen recht lange, andere entwickeln sich schneller, aber so richtig eingewachsen sind die meisten Stauden erst im zweiten Jahr nach dem Pflanzen. Aussaaten von Sommerblumen müssen in den ersten Wochen nach der Saat regelmäßig gewässert werden.

Die Entwicklung der Pflanzen ist unterschiedlich, auch die Lebensdauer weicht je nach Art und Sorte mitunter erheblich voneinander ab. So bauen manche Stauden nach zwei bis drei Jahren Präsenz wieder ab und verschwinden, andere entwickeln sich umso prächtiger.

Um im Laufe der Jahre Lücken zu vermeiden, ist es besser, eine Vielfalt unterschiedlicher Pflanzen auszuwählen. Außerdem sollte man nicht immer gleich alles Verblühte abschneiden, sondern die Aussaat für die Erhaltung der Pflanzen zulassen. Wenn wuchsfreudige Arten überhandnehmen und bald dominieren, jätet man die unerwünschten Sämlinge einfach weg. Allerdings überleben nicht immer alle Sämlinge und nach einiger Zeit verschwinden sie wieder von selbst.

PFLANZEN FÜR SONNIGE FLÄCHEN

Blaue Katzenminze

(Nepeta x faassenii)

Diese Pflanze hat eine lange Gartentradition und entstand 1784 durch Kreuzung der Wildarten *Nepeta racemosa* mit *Nepeta nepetella.* Wegen der langen Blütezeit und ihrem Duft wird sie gern in Gärten verwendet.

BESCHREIBUNG: Reich blühende Staude mit lockerbuschigem Wuchs von 30 bis 40 cm Höhe. Die silbrigen Blätter sowie die violett-blauen Blüten verströmen einen aromatischen Duft. Eine besonders stark wachsende und attraktive Sorte ist 'Walkers Low', die bis 90 cm hoch wird.

Blütezeit: Mai bis August

Verwendung: Insektenweidepflanze. Sehr wirkungsvolle Rabattenpflanze, die sich auch gut als Begleiter von Rosen oder zur Wegeinfassung (wie im Foto Seite 29) eignet. Auch als Schnittblume verwendbar.

Blutroter Storchschnabel

(Geranium sanguineum)

Als heimische Wildpflanze auf Magerrasen und steinigen Hängen wachsend, ist der Blutrote Storchschnabel in der Natur nicht mehr häufig anzutreffen. Seit dem 19. Jh. als Gartenpflanze beliebt, gibt es inzwischen zahlreiche Sorten in mehreren Farben.

Storchschnabel-Sorte 'Max Frei' »

BESCHREIBUNG: Anspruchslose, gut winterharte Pflanze, die sich durch unterirdische Rhizome ausbreitet und schnell schöne Polster bildet. Die leuchtend purpurfarbenen Schalenblüten stehen auf 25 bis 40 cm hohen Stängeln, die gelappten Blätter sind tiefgrün und verfärben sich im Herbst rötlich. Neben der Wildart gibt es zahlreiche empfehlens-

werte Sorten wie 'Max Frei' (dunkelrosa) oder 'Tiny Monster' (rosaviolett).

Blütezeit: Juni bis August

Verwendung: Insektenweidepflanze. Schön als Rabattenpflanze am Wegrand oder vor höheren Stauden, am Gehölzrand und im Steingarten.

Brandkraut

(Phlomis russeliana)

Es wird wegen seiner Herkunft auch als Syrisches Brandkraut und gelegentlich als Russels Brandkraut bezeichnet. Letzterer Name erinnert an den schottischen Naturforscher Dr. Alexander Russell, der die Pflanze erstmals im Jahr 1756 in seinem

Werk „Die natürliche Geschichte von Aleppo“ vorgestellt hat.

Beschreibung: Schöne wintergrüne Pflanze, die das ganze Jahr über attraktiv ist. Die gelben Blüten sind an 60 bis 100 cm hohen Stängeln etagenförmig angeordnet und die Fruchtstände schmücken die Pflanze im winterlichen Garten bis in den Frühling.

Blütezeit: Juni bis Juli

Verwendung: Insektenweidepflanze. Als wintergrüner Bodendecker sehr wirkungsvoll in der Mitte des Beetes oder in Gemeinschaft von Laubgehölzen. Blüten eignen sich zum Schnitt und die Fruchtstände in der Trockenbinderei.

Echter Lavendel

(Lavandula angustifolia)

Die Heimat des Lavendels ist der Mittelmeerraum, wo er an trockenen Hängen und anderen felsigen Standorten wächst. Seine Heilkraft erkannte schon die Äbtissin Hildegard von Bingen (1098–1178), weshalb

Echter Lavendel mit Rosen

er vor allem in Klostergärten auch nördlich der Alpen angepflanzt wurde.

Beschreibung: Immergrüner Halbstrauch mit lockerem bis dichtem Wuchs, bis 60 cm Höhe, Blätter immergrün, silbrig-grau behaart. Die aromatisch duftenden Blüten sind violett und ährenförmig angeordnet. Neben der Wildart gibt es mehrere Sorten mit weißen, hellblauen und rosafarbenen Blüten. Nach der Blüte oder im Frühjahr Rückschnitt um ein Drittel bis zur Hälfte.

Blütezeit: Juli bis September

Verwendung: Insektenweidepflanze. Sehr beliebt als Begleiter von Rosen, auch als Wegeinfassung, vor Sonnenmauer oder als kleine Hecke am Beetrand geeignet.

Färberkamille

(Anthemis tinctoria)

Ihren Namen bekam die heutige attraktive Zierpflanze vom einstigen Anbau zum Färben von Wolle. Durch Kreuzung mit anderen

Arten entstanden zahlreiche Sorten, die sich in der Wuchshöhe unterscheiden.

Beschreibung: Aufrecht buschig wachsend bildet sie Horste mit fiederartigen, aromatischen Blättern und strahlend gelben Blüten. Je nach Sorte wird sie 30 bis 60 cm hoch, ein Rückschnitt nach der Blüte ist empfehlenswert.

Blütezeit: Juni bis September

Verwendung: Insektenweidepflanze, auf trockenen, durchlässigen Böden an einem vollsonnigen Standort. Schön auf Beeten vor einer Gartenmauer, in Steingärten oder an Böschungen. Mit blau oder rot blühenden Nachbarn sehr wirkungsvoll.

Felsen-Steinkraut

(Alyssum saxatile)

Wegen seiner leuchtend goldgelben Blütenfülle ein wertvoller Hingucker und Frühblüher im Garten. Fast universell an allen sonnigen trockenen Standorten zu verwenden.

Beschreibung: Wächst kissenförmig und horstbildend, erreicht Höhen von 20 bis 40 cm. Die goldgelben Blüten sind doldenartig angeordnet und erheben sich über graugrünen Blättern. Ein Rückschnitt nach der Blüte fördert den kompakten Wuchs.

Blütezeit: April bis Mai

Verwendung: Insektenweidepflanze. Gut geeignet für Steingärten, in Fugen von Gartenmauern oder Mauerkronen, auch an

Wegkanten auf durchlässigem Boden in sonniger Lage. Durch den polsterförmigen Wuchs eignet sich das Steinkraut auch gut als Bodendecker und kommt mit Partnern wie Blaukissen *(Aubrieta)* oder Polsterphlox *(Phlox subulata)* gut zur Geltung.

Fetthenne

(Sedum spectabile)

Die auch Prachtsedum genannte Art stammt aus Korea und der Mandschurei. Im Garten hat sie sich wegen der späten Blüte einen festen Platz erobert und setzt mit ihrem Fruchtstand bis in den Winter schöne Akzente.

Beschreibung: Bildet kräftige, aufrechte Büsche aus 30 bis 50 cm hohen Stängeln mit ovalen fleischigen, graugrünen Blättern. Die hellrosafarbenen Blüten sind in einer Dolde am Ende des Stängels vereint. Purpurrot sind die Blüten der Sorte 'Brillant'. Rückschnitt erfolgt im Frühjahr.

BLÜTEZEIT: August bis September

Verwendung: Insektenweidepflanze. Gedeiht am besten an vollsonnigen Standorten auf Staudenrabatten, vor Sonnenmauern oder im Steingarten auf lockerem, durchlässigen Boden.

Goldgarbe

(Achillea filipendulina)

Die mit der Schafgarbe der heimischen Wiesen und Wegränder verwandte Goldgarbe ist ein Vertreter der Steppen und Halbwüsten von der Türkei bis Zentral-Asien. Durch Züchtung und Auslese entstanden mehrere schöne Sorten für den Garten.

Beschreibung: Aus einem grundständigen Blattschopf gefiederter Blätter entspringen mehrere kräftige Stängel mit goldgelben

Blütendolden. Je nach Sorte erreichen die Blütenstände Höhen zwischen 20 und 80 cm. Schöne Sorten sind 'Schwellenburg' (20 bis 40 cm), 'Moonshine' (40 bis 60 cm) und 'Coronation Gold' (60 bis 80 cm).

BLÜTEZEIT: Juni bis September

Verwendung: Insektenweidepflanze. Prachtvolle Stauden für trockene und sonnige Standorte auf Staudenrabatten, auch als Solitärstaude zu verwenden. Außerdem wirkt sie in Gemeinschaft mit Sommerblumen oder attraktiven Gräsern.

Immergrüne Schleifenblume

(Iberis sempervirens)

Wird auch Immergrünes Schneekissen genannt. Von der Pflanze gibt es rund 30 Arten, die vor allem in Europa und in Asien zuhause sind. Schwerpunkt ihrer Verbreitung ist der Mittelmeerraum, wo sie sonnige und trockene Stellen besiedelt. Durch Züchtung entstanden zahlreiche Sorten, die sich in der Wuchshöhe und Farbe unterscheiden.

BESCHREIBUNG: Kissenartig wachsender Halbstrauch mit immergrünen, schmal lanzettlichen Blättern, der maximal 30 cm Höhe erreicht. Die weißen, einfachen Blüten sind in flachen, doldenähnlichen Blütenständen vereint, die zur Blütezeit die ganze Pflanze in ein Blütenmeer verwandeln.

Weißblütige Schleifenblume

Blütezeit: April bis Mai

Verwendung: Insektenweidepflanze. Vor allem im Steingarten und auf Mauerkronen, auch als Wegbegleiter oder an Böschungen gut zu verwenden.

Korea-Minze

(Agastache rugosa)

Auch als Asiatische Duftnessel bezeichnet, da ihre Heimat Korea, Japan und China ist. Neben der Art gibt es mehrere Sorten wie 'Black Adder' oder 'Blue Fortune'. Daneben sind weitere Arten für trockene Standorte gut geeignet. Dazu gehört die Anis-Duftnessel *(Agastache foeniculum)* aus Nordamerika.

BESCHREIBUNG: Die Korea-Minze bildet buschige Horste von 40 bis 50 cm Höhe und bis 60 cm Breite. Die Blätter duften nach Minze und scheiden an der Unterseite ätherische Öle aus. Ab Juli erscheinen die violetten Blüten in Quirlen an einer aufrecht stehenden Ähre.

BLÜTEZEIT: Juli bis September

Verwendung: Insektenweidepflanze. Gedeiht am besten an sonnigen bis halbschattigen Standorten auf trockenem, lehmig-sandigem, gut durchlässigem Boden. Wirkungsvoll in Gemeinschaft mit anderen höheren Sommerblumen auf der Rabatte oder als Hingucker in Gruppenpflanzungen.

Orientalischer Mohn

(Papaver orientale)

Auch als Türkischer Mohn bezeichnet, ist der Mohn von der Türkei über den Iran bis zum Kaukasus verbreitet, wo er auf kalkreichen Hängen wächst. Durch Züchtung entstanden zahlreiche attraktive Sorten mit unterschiedlicher Blütenfarbe.

Beschreibung: Aus einer langen Pfahlwurzel bildet sich im Herbst eine dichte Rosette behaarter Blätter, die überwintern und nach der Blüte im Sommer einziehen. Ab September entstehen die neuen Blätter. Die großen schalenförmigen Blüten werden von dünnen Stängeln getragen, die von auffällig behaarten Kelchblättern umgeben sind. Neben der scharlachfarbenen Wildform gibt es zahlreiche Sorten mit weißen, rosafarbenen und kräftig roten Tönen.

ACHTUNG: Leicht giftig, Berührung mit dem Milchsaft vermeiden!

BLÜTEZEIT: Mai bis Juni

VERWENDUNG: Insektenweidepflanze. Auf Staudenrabatten, am sonnigen Rand von Gehölzen und auf Freiflächen mit durchlässigem, normalem Gartenboden, sehr wirkungsvoll in Gemeinschaft von weißer Spornblume *(Centranthus ruber 'Albus')* oder auch Königskerzen *(Verbascum)*.

Pfingstnelke

(Dianthus gratianopolitanus)

In West- und Mitteleuropa beheimatet, wird die Pfingstnelke auch Grenobler Nelke oder Felsennägele genannt. Sie ist eine der wichtigsten Gartennelken, von der neben der Art vor allem die zahlreichen Sorten von Bedeutung sind.

Beschreibung: Immergrüne, mehrjährige Pflanze, deren graugrüne Polster etwa 10 cm hoch werden. Darüber erheben sich bis 20 cm Höhe die zahlreichen, duftenden rosafarbenen Blüten.

Blütezeit: Mai bis Juni

Verwendung: Insektenweidepflanze. An sonnigem Standort in gut durchlässigem Boden im Steingarten, in Spalten von Mauern oder Mauerkronen, auch als Einfassung am Wegrand.

Polster-Silberraute

(Artemisia schmidtiana 'Nana')

Die auch Zwerg-Silberraute genannte Art stammt von den Kurilen (ostasiatische Inselkette) und wird deshalb auch Kurilen-Beifuß genannt. Daneben gibt es weitere Beifuß-Arten, die sich auch als Zierpflanze eignen.

Beschreibung: Kissenartiger Wuchs von 20 bis 25 cm Höhe, Blüten klein, weiß und traubenförmig angeordnet. Die Blätter sind fein zerteilt, intensiv duftend und der weiße Haarfilz lässt sie silbrig glänzen.

Blütezeit: Juni bis Juli

Verwendung: Gut geeignet für Wegkanten, in Fugen von Gartenmauern oder auf durchlässigem Boden sonniger Rabatten.

Purpur-Sonnenhut

(Echinacea purpurea)

Die Art (Coverfoto) stammt aus Nordamerika, wo sie vor allem die Prärien besiedelt. Der Botaniker Leonard Plukenet (1642–1706) beschrieb die mehrjährige Staude 1696 zuerst als „Chrysanthenum americanum", ihren heute noch gültigen botanischen Namen erhielt sie erst 1753 von Carl von Linné.

Beschreibung: Aus einer Pfahlwurzel bilden sich Horste von 80 bis 100 cm Höhe mit eiförmigen, gezähnten und rau behaarten Blättern. Die margeritenähnlichen Blütenkörbchen haben eine hochgewölbte, braunrote Mitte, die von purpur-rosafarbenen Strahlenblüten umgeben ist.

Blütezeit: Juli bis September

Verwendung: Auf Rabatten, an sonnigen Gehölzrändern und in steppenartigen Pflanzungen, wirkungsvoll in Gemeinschaft mit Rudbeckien *(Rudbeckia)* und Ziergräsern wie Silber-Ährengras (siehe Foto Seite 88).

Quendel

(Thymus serpyllum)

Die als Feld-Thymian oder Sand-Thymian bezeichnete Art ist in Europa auf Sand-Trockenrasen verbreitet. Quendel ist seit dem Altertum in Kultur und als Gewürzpflanze bekannt.

BESCHREIBUNG: Immergrüne Pflanze mit kissenartigem Wuchs, wächst sehr flach und erreicht höchstens 10 cm Höhe. Während der Blütezeit ist die Pflanze dicht mit rosafarbenen bis purpurnen Blüten bedeckt, die einen intensiven Duft ausströmen. Auch die Blätter duften intensiv und sind deshalb ein sehr geschätztes Würzkraut in der Küche.

BLÜTEZEIT: Mai bis August

Verwendung: Insektenweidepflanze. Wegen ihrem teppichartigen Wuchs wird die Pflanze vor allem gern als Bodendecker verwendet. Sehr wirkungsvoll ist die Pflanzung im Heidegarten, aber auch im Steingarten, wo sie in Tuffs zwischen den Steinen hübsch anzusehen ist. Auch Kiesbeete, Trockenmauern und Böschungen sind geeignete Pflanzstellen.

Rote Spornblume

(Centranthus ruber)

Aus den Regionen rund um das Mittelmeergebiet stammend, hat sie sich inzwischen auch in kühleren Regionen etabliert.

BESCHREIBUNG: Sie bildet aufrechte Horste bis 60 cm Höhe mit lanzettlichen, bläulichen Blättern und fällt durch leuchtend purpurrote Doldenrispen auf. Neben der Art gibt es noch die Sorte 'Albus' mit weißen Blüten (siehe Abb. mit Rosen 'Rhapsody in Blue').

BLÜTEZEIT: Mai bis Juli

VERWENDUNG: Insektenweidepflanze, die am besten auf kalkhaltigen, trockenen und durchlässigen Böden in vollsonniger Lage gedeiht; wirkungsvoll auf Rabatten in Ge-

meinschaft mit Rosen, auch in steppenartigen Pflanzungen oder in Mauerspalten.

Steppen-Salbei

(Salvia nemorosa)

Von Mitteleuropa bis nach Mittelasien verbreitet, besiedelt die Art vor allem Halbtrockenrasen und steppenartige Lebensräume. Auch als Hain- oder Sommersalbei bezeichnet, gelangten die ersten Pflanzen gegen Ende des 16. Jh. nach Deutschland. Neben der Art gibt es eine Anzahl Sorten, die sich in Blütenfarbe und Höhe unterscheiden (siehe Abb. Seite 2).

Beschreibung: Aus einer Halbrosette duftender Blätter entwickelt sich ein quirlförmiger Blütenstand von 30 bis 60 cm Höhe, der sich aus zahlreichen Einzelblüten zusammensetzt.

BLÜTEZEIT: Mai bis Juli

VERWENDUNG: Insektenweidepflanze. Auf Staudenrabatten, an Böschungen, auf Pflanzstreifen vor Gehölzen oder in steppenartigen Pflanzungen.

Wollziest

(Stachys byzantina)

Aus dem Kaukasus und dem Osten Asiens stammend ist der Wollziest bereits seit dem Mittelalter als Heilpflanze bekannt. Neben der Wildart sind einige schöne Sorten wie 'Cotton Boll' oder 'Silver Carpet' im Handel.

Beschreibung: Die Pflanze breitet sich kriechend teppichartig aus und bildet große Polster mit dicht weißwollig behaarten Blättern. Sie ähneln in der Form kleinen Eselsohren und sind in einer Rosette angeordnet. Die Blütentriebe erreichen Höhen bis zu 40 cm und tragen kleine, in Quirlen angeordnete lilarosafarbene Blüten.

Blütezeit: Juli bis August

Verwendung: Insektenweidepflanze. Als Bodendecker im Staudenbeet, sehr wirkungsvoll mit Blumenzwiebelpflanzen wie zum Beispiel Zierlauch *(Allium)*, auch in Steinfugen im Steingarten oder als Einfassung am Weg zu verwenden.

Schöne Kombination von Goldgarbe, Wollziest, Mohn und Feinstrahlastern

Wüsten-Goldaster

(Eriophyllum lanatum)

Die anspruchslose, ausdauernd blühende Staude stammt aus Südwest-Kanada (British Columbia) und West-USA (Montana, Oregon).

Beschreibung: Sie wächst rasenartig und erreicht zur Blütezeit Höhen zwischen 20 und 30 cm. Die Blätter sind gegen- oder wechselständig angeordnet, flockig-filzig behaart und graugrün. Ihre zahlreichen, goldgelben Blüten ähneln Margeriten.

Blütezeit: Juni bis August

Verwendung: Insektenweidepflanze. Liebt vollsonnige Standorte im Steingarten oder vor nach Süden gerichteten Mauern. Ist auch zur Dachbegrünung geeignet.

GEHÖLZE ODER STRÄUCHER FÜR SONNIGE FLÄCHEN

Elfenbeinginster

(Cytisus x praecox)

Diese Hybride wurde 1867 in einer englischen Gärtnerei gefunden und hat sich inzwischen als attraktives Ziergehölz für trockene Böden im Garten bewährt.

Beschreibung: Strauch mit mehreren schlanken, rutenförmigen Zweigen, die 70 bis 150 cm Länge erreichen. Oft hängen sie bis zum Boden herab und wirken mit ihren schmalen lanzettlichen Blättern sehr attraktiv. Zur Blütezeit sind die Zweige dicht mit reingelben Blüten besetzt.

ACHTUNG: Alle Pflanzenteile, einschließlich Samen, Blüten und Zweige, enthalten Alkaloide, die bei Verzehr oder Berührung Reizungen oder Vergiftungserscheinungen auslösen können.

BLÜTEZEIT: April bis Mai

VERWENDUNG: Schöner Strauch für Einzelstellung, auch an Böschungen oder in heidegartenähnlichen Pflanzungen mit Besenheide *(Calluna)* oder Schneeheide *(Erica carnea)*.

Feuerdorn

(Pyracantha coccinea)

Der auch Mittelmeerfeuerdorn genannte Strauch ist in Südeuropa beheimatet und kam im 17. Jh. über die Alpen in unsere Gärten.

Beschreibung: Aufrecht wachsender, dicht verzweigter immergrüner Strauch, der 100 bis 180 cm Höhe und eine Breite bis zu 150 cm erreichen kann. Die weißen Blüten sind doldenförmig angeordnet und duften intensiv süßlich. Anstelle der Art wird im Garten vorwiegend die Sorte 'Red Star' mit orangeroten Beeren verwendet.

ACHTUNG: Die Früchte sind ungenießbar!

Blütezeit: Mai bis August

Verwendung: Insektenweidepflanze. Als Sichtschutz und Hecke, auch als Ziergehölz in Vorgärten und im Kübel verwendbar.

« Blühender Feuerdorn Seite 67

Kartoffelrose

(Rosa rugosa)

Sie wird auch als Apfel- oder Hagebuttenrose bezeichnet und war ursprünglich in China, Japan, Korea und Russland beheimatet. Sie wurde erst 1796 in Europa eingeführt und besiedelt inzwischen als Wildrose Küstenbereiche und felsige Hänge.

Beschreibung: Straff aufrecht wachsender Strauch von 120 bis 150 cm Höhe mit bogig überhängenden Zweigen und Dornen. Die Blätter sind unpaarig gefiedert, grün und fallen durch eine goldgelbe Herbstfärbung auf. Die Blüten sind einfach schalenförmig und dunkelrosa. Nach der Blüte zieren die leuchtend roten Hagebutten die Pflanze. Von der Wildart sind mehrere Sorten im Handel erhältlich (siehe Foto der Sorte 'Mrs Doreen Pike' Seite 69).

Blütezeit: Juni bis Oktober

Verwendung: Insektenweidepflanze. Als Heckenpflanze zur Zierde und als Sichtschutz, auch zum Bepflanzen von Erd- oder Steinwällen geeignet.

PFLANZEN FÜR TROCKENEN SCHATTEN

Schattige Flächen gibt es im Garten vor allem unter Nadelgehölzen und, nach dem Laubaustrieb, auch unter Laubgehölzen. Andere Stellen im Garten wie Dachübersprünge oder die Nordseite des Hauses bieten für eine Bepflanzung ebenfalls nicht die besten Bedingungen. Für die erfolgreiche dauerhafte Begrünung solcher Plätze gibt's ein Sortiment geeigneter Blumenzwiebel- und Knollenpflanzen *(Geophyten)* sowie anspruchsloser Stauden. Da die Geophyten nach der Blüte absterben und einen kahlen Platz hinterlassen, sollte man sie mit Bodendeckern und niedrigen bis höheren Stauden kombinieren.

Balkan-Storchschnabel

(Geranium macrorrhizum)

Auch als Felsen-Storchschnabel bezeichnet, wächst die Art im südlichen Europa vom Apennin über die südlichen Alpen und die Karpaten bis zum Balkan. Lebensraum des Storchschnabels sind Wälder und Gebüsche, vor allem in steinigem Gelände, das er mit seinen Rhizomen durchzieht.

Beschreibung: Aus den Rhizomen entfalten sich tiefgrüne, fünffach geteilte und fein behaarte Blätter, die einen aromatischen Duft verströmen. Der Wuchs ist kissenartig, 25 bis 35 cm hoch mit einfachen purpurrosafarbenen Blüten. Durch Züchtung entstand 1929 in England die zartrosa blühende Sorte 'Ingwersen', benannt nach ihrem Züchter.

Blütezeit: Juni bis Juli

Verwendung: Die genügsame Insektenweidepflanze wird sehr gern als Bodendecker verwendet, auch auf trockenen Flächen unter Gehölzen oder auf Rabatten.

Bergenie

(Bergenia cordifolia)

Sie ist seit 1765 auch als Altai-Bergenie bekannt und wächst in Mittelasien, der Mongolei und Sibirien wild. Für den Garten werden neben der Wildart vor allem durch Züchtung entstandene Sorten verwendet.

Beschreibung: Immergrüne, 20 bis 40 cm hohe Staude mit großen, immergrünen, lederartigen Blättern. Sie breitet sich flä-

chenartig aus und bildet breite Horste. Die rosafarbenen Blüten stehen in Trugdolden auf kräftigen Stängeln. Schöne Sorten sind 'Morgenröte' (tiefrot), 'Rote Schwester' (rosarot) und 'Silberlicht' (weiß).

BLÜTEZEIT: April bis Mai

VERWENDUNG: Insektenweidepflanze für schattige und halbschattige Lagen am Gehölz- oder Beetrand.

Gelber Lerchensporn

(Pseudofumaria lutea)

Eine sehr vielfältige Lerchensporn-Art, die sich durch besondere Leuchtkraft ihrer gelben Blüten und Anspruchslosigkeit auszeichnet.

Beschreibung: Die Stängel tragen doppelt bis dreifach gefiederte hellgrüne Blätter und bilden kleine Horste von 20 bis 40 cm Höhe. Die leuchtend gelben Blüten sind glockenförmig und in endständigen Trauben angeordnet. Wurzeln und Knollen sind **schwach giftig!**

Blütezeit: Mai bis September

Verwendung: Infolge ihrer Anspruchslosigkeit wächst die Insektenweidepflanze an trockenen Standorten von Sonne bis Schatten und stellt keine Ansprüche an den Boden. Als blühender Bodendecker bestens geeignet, auch auf Rabatten und im Steingarten oder zwischen Mauerfugen. An zusagenden Standorten sät sich die Pflanze selbst aus und ist dadurch sehr dauerhaft.

Großblumiger Beinwell

(Symphytum grandiflorum)

Wegen seiner ursprünglichen Heimat auch Kaukasus-Beinwell genannt. Diese schöne Pflanzenart kann große Flächen im Garten in ein Blütenmeer verwandeln.

BESCHREIBUNG: Mit seinen Ausläufern breitet er sich zu dichten Teppichen mit einer Höhe von 20 bis 30 cm aus. Die Blüten sind einfach glockenförmig, gelblichweiß und in der Knospe rot. Die Blätter sind ganzrandig, eiförmig und fein behaart. Die Pflanze enthält auch **Giftstoffe,** die bei innerer Anwendung zu Leberschäden führen können.

BLÜTEZEIT: April bis Mai

Verwendung: Insektenweidepflanze. Als Bodendecker, am schattigen Gehölzrand oder als Unterpflanzung von Gehölzen. Auch im Staudenbeet oder in einem Naturgarten kommt er gut zur Geltung.

Kleines Immergrün

(Vinca minor)

Von Mitteleuropa über den Kaukasus bis Kleinasien verbreitet, ist das (Kleine) Immergrün ein robuster Geselle.

Beschreibung: Die Art entwickelt niederliegende Triebe mit immergrünen, lederartigen Blättern, die im Frühjahr den Boden durchziehen und einen dichten Teppich von 10 bis 30 cm Höhe bilden. Die schalenförmigen Blüten sind bei der Art blau, dane-

ben gibt es weiße und violette Sorten. Die Pflanze ist in allen Teilen **giftig,** der Milchsaft sollte nicht mit Haut und Schleimhäuten in Berührung kommen!

BLÜTEZEIT: Mai bis September

VERWENDUNG: Insektenweidepflanze. Als Bodendecker, als Unterpflanzung von Sträuchern verschiedener Art, am schattigen Gehölzrand oder als grüner Teppich für verschiedene Blumenzwiebelpflanzen.

Maiglöckchen

(Convallaria majalis)

Als Bewohner unserer Laubwälder ist das Maiglöckchen ein willkommener Frühlingsbote, der in Europa sowie in den gemäßigten Gebieten Nordamerikas und Asiens wild vorkommt.

BESCHREIBUNG: Aus unterirdisch kriechenden verzweigten Rhizomen sprießen im Mai grundständige, lanzettliche Blätter und ein Blütenstand aus weißen, duftenden Glöckchen. Im Oktober sterben die Blätter ab, günstiger Zeitpunkt zur Vermehrung durch Teilung der Rhizome.

ACHTUNG: Das reizvoll anzusehende und duftende Maiglöckchen ist in allen Pflanzenteilen giftig, bitte weder Laub, Beeren, Blüten oder Wurzeln verzehren! Beim Berühren Handschuhe tragen, um Hautreizungen zu vermeiden.

BLÜTEZEIT: Mai bis Juni

VERWENDUNG: Im Schatten des Nordgiebels, zum Unterpflanzen von Bäumen und an halbschattigen Standorten.

Sommer-Waldaster

(Aster divaricatus)

Ihre Heimat sind die gebirgigen Appalachen Nordamerikas, wo sie auf trockenen, offenen Waldungen wächst. Mit ihrer späten

Blüte gehört sie zu den Edelsteinen im Garten, denn sie ist nicht nur eine Augenweide im Staudenbeet, sondern auch eine späte willkommene Nahrungsquelle für zahlreiche Insekten.

Beschreibung: Sie bildet buschige Horste aus 40 bis 60 cm hohen Stängeln. Die Blätter sind herzförmig, zugespitzt, die Blüten wirken wie kleine weiße Sterne, die in aufrechten Dolden beisammen stehen.

Blütezeit: September bis Oktober

Verwendung: Vielseitig einsetzbare Insektenweidepflanze – auf Rabatten in Gemeinschaft von Stauden wie Funkien *(Hosta)* oder Purpurglöckchen *(Heuchera)* wie auch am Rand von Gehölzen wirkungsvoll.

Spanisches Hasenglöckchen

(Hyacinthoides hispanica)

Es stammt aus den Mischwäldern von Portugal und Westspanien bis Nordafrika und brilliert durch seine Anspruchslosigkeit und rasche Ausbreitung. Für schattige Stellen unter Gehölzen gut geeignet, obwohl es auch an sonnigen Gartenstandorten gedeiht und sich schnell in Gesellschaft anderer Stauden ausbreitet.

BESCHREIBUNG: Aus einer Rosette breitlinealischer Blätter entspringen 25 bis 40 cm hohe Stängel mit hübschen blauen Glockenblüten, die in einer aufrechtstehenden Traube vereint sind (Foto Seite 13).

BLÜTEZEIT: April bis Juni

VERWENDUNG: Insektenweidepflanze. Unter Laubbäumen und Sträuchern, auch am Rande von Gehölzen wirkungsvoll. Geeignete Nachbarn sind Golderdbeeren *(Waldsteinia ternata)*, Waldmeister *(Galium odoratum)*, auch Purpurglöckchen *(Heuchera)* oder Elfenblumen *(Epimedium)*.

GRÄSER ALS SCHMÜCKENDES BEIWERK

Mit Gräsern verbinden wir im Garten meist nicht willkommene „Unkräuter", also verschiedene Grasarten, die sich von selbst ungewollt ansiedeln. Meist sind es trockene Standorte, wo Gräser andere Stauden durch ihre Wuchsfreudigkeit zurückdrängen und die Oberhand gewinnen. Trotzdem können bestimmte Arten sehr wirkungsvoll sein, wenn sie mit Blütenstauden kombiniert werden. Das betrifft vor allem Gräser, die in verschiedenen Regionen der Erde beheimatet sind und sich im Laufe der Zeit als Ziergräser in den Gärten etabliert haben.

Atlas-Schwingel

(Festuca mairei)

Diese extrem hitzeverträgliche und trockenheitsresistente Pflanze stammt aus dem Hohen Atlas in Marokko und ist eine besondere Kostbarkeit im Garten.

BESCHREIBUNG: Bildet einen dichten, horstig wachsenden Blattschopf und aufrechte Stängel von 60 bis 120 cm Höhe, die später überhängen. Da sie wintergrün sind, haben sie auch im Winter eine dekorative Wirkung. Die Blüten sind einfach, gelblichbraun und rispenförmig.

BLÜTEZEIT: Mai bis Juni

Silber-Ährengras mit Purpur-Sonnenhut

VERWENDUNG: Wirkungsvoll einzeln stehend im Rasen, auch in Verbindung mit Rosen auf Rabatten oder im Kübel. Der Boden sollte lehmig-sandig und steinig sein.

Silber-Ährengras

(Stipa calamagrostis)

Auch als Ränkegras oder Alpen-Raugras bezeichnet, kommt dieses heimische Gras in den Alpen und den Gebirgen Südeuropas vor. Es gehört zu den schönsten heimischen Ziergräsern und ist im Garten sehr dekorativ.

BESCHREIBUNG: Bildet Horste bis 1 m Höhe aus schmal linealischen grünen überhängenden Blättern und bogenförmige Halme, an deren Ende sich schweifartige, bis 10 cm lange Blütenrispen befinden. Die gelbbraunen Blüten bleiben bis in den Winter an der Pflanze und sind sehr wirkungsvoll.

Blütezeit: Juni bis September

Verwendung: In Gemeinschaft anderer Stauden auf Rabatten, in steppenartigen Pflanzungen oder einzeln als Solitärpflanze am Weg oder im Rasen (Foto Seite 88).

Weißes Lampenputzergras

(Pennisetum villosum)

Es wird auch als Zottiges Federborstengras bezeichnet und brilliert mit einer ausdrucksstarken Pracht seiner Blütenbüschel, die inmitten anderer Blütenstauden eine wunderschöne Zierde darstellen.

Beschreibung: Bildet Horste mit aufrechten, 40 bis 60 cm hohen flaumigen Blütenbüscheln, die am Ende der filigranen Grashalme erscheinen. Die einfachen, in Ähren angeordneten Blüten sind anfangs rosa und verfärben sich später weiß bis braun. Da die Pflanze nur bis -12 Grad Celsius winterhart ist, sollte sie in gefährdeten Regionen mit Mulch oder Stroh geschützt und mit Gartenvlies umgeben werden.

Blütezeit: Juli bis Oktober

Verwendung: In Gemeinschaft von gepflanzten Sommerblumen wie Zinnien *(Zinnia elegans)*, Salvien *(Salvia splendens)* oder Bartfaden *(Penstemon-Hybr.)* auf Sommerblumenbeeten.

HEIMISCHE WILDPFLANZEN FÜR NATURNAHE GÄRTEN

Acker-Wachtelweizen

(Melampyrum arvense)

Weite Verbreitung von Europa bis zum Kaukasus. Diese hübsche Art besiedelt hauptsächlich Staudensäume auf trockenwarmen Standorten. Wächst auch auf Halbtrocken- und Trockenrasen. Ist aber stark im Rückgang betroffen und steht deshalb auf der Roten Liste der gefährdeten Arten.

Beschreibung: Einjährige Pflanze mit aufrechten, schwach verzweigten Stängeln von 10 bis 30 cm Höhe und lanzettlichen Blättern. Die Blüten sind in einem ährigen

Blütenstand angeordnet, purpurviolett mit gelbem Schlund.

ACHTUNG: Leicht giftig, vor allem die Samen.

BLÜTEZEIT: Mai bis September

VERWENDUNG: Insektenweidepflanze, die auf trockenen, kalkhaltigen Blumenwiesen in Gemeinschaft mit Süßgräsern wächst, da sie als einjähriger Halbschmarotzer Wirtspflanzen benötigt. Schöne Begleiter können zum Beispiel Amethyst-Schwingel *(Festuca amethystina)* oder Perlgras *(Melica altissima 'Atropurpurea')* sein.

Ästige Graslilie

(Anthericum ramosum)

Sie kommt im südlichen Mitteleuropa sowie Richtung Osten bis Russland und die Türkei vor. Bevorzugte Lebensräume sind Steppenheiden, Trockenrasen und sonnige Waldränder.

BESCHREIBUNG: Sie bildet einen Horst von grasartigen, bogig geneigten Blättern und locker verzweigte Blütenstände von 50 bis 60 cm Höhe. Sie sind mit zahlreichen einfachen, sternförmigen weißen Blüten besetzt und weithin sichtbar.

BLÜTEZEIT: Juni bis August

VERWENDUNG: Insektenweidepflanze. Sehr wirkungsvoll an einem sonnigen Gehölzrand, in Blumenwiesen mit Wiesen-Glockenblumen *(Campanula patula)* oder Blauem Natternkopf *(Echium vulgare)*, auch als Tuff in Staudenbeeten und auf Rabatten in Gesellschaft von Steppen-Salbei *(Salvia nemorosa)*.

Ausdauernder Lein

(Linum perenne)

Er gehört zu den ältesten bekannten Kulturpflanzen und wurde seit Tausenden von Jahren zur Gewinnung von Flachsfasern für verschiedene Zwecke verwendet.

Beschreibung: Aus einem grundständigen Blattschopf entwickeln sich aufrechte, 40 bis 60 cm hohe Blütenstiele mit einfachen schalenförmigen himmelblauen Blüten. Ständig bilden sich neue Blüten und sorgen damit für eine wochenlange Blütezeit. Durch die reiche Selbstaussaat breitet sich diese filigrane Pflanze kontinuierlich aus.

Blütezeit: Juni bis August

Verwendung: Insektenweidepflanze. Auf Freiflächen und Steinanlagen in Gemeinschaft anderer Arten der Steppenheiden wie Wiesensalbei *(Salvia perenne)* oder Tüpfel-Hartheu *(Hypericum perforatum)*.

Bergminze

(Calamintha nepeta).

In warmen und sonnigen Regionen Europas zuhause, ist die Bergminze ein Sonnenanbeter. Am natürlichen Standort wächst sie vor allem auf Felsen und besiedelt Steinschuttfluren.

Beschreibung: Wächst buschig und Horst bildend bis 40 cm hoch, Blätter klein und eiförmig, verströmen einen intensiven angenehmen Duft. Die zarten weißen bis violetten Blüten ähneln denen des Thymians und erscheinen in reicher Fülle.

Blütezeit: Juli bis September

Verwendung: Insektenweidepflanze. Benötigt gut durchlässigen, steinigen Boden, deshalb besonders für Steingärten bzw. Felssteppe, auch für die Dachbegrünung geeignet.

Blauer (Gewöhnlicher) Natternkopf

(Echium vulgare)

Die in Europa weit verbreitete Pionierpflanze besiedelt vor allem trockene, sandig-lehmige Flächen in Trockenrasen.

Beschreibung: Die zweijährige Pflanze bildet im ersten Jahr aus einer Pfahlwurzel eine Rosette aus schmalen, lanzettlichen Blättern und im zweiten Jahr einen Blütenstand aus mehreren Stängeln, der bis 80 cm hoch wird. Die Blüten sind zu einem ährenartigen Blütenstand vereinigt, anfangs rosa, später verändern sie sich zu einem kräftigen Blauton.

Blütezeit: Mai bis Oktober

Verwendung: Insektenweidepflanze. Am besten geeignet für einen Naturgarten mit weiteren Wildarten, auch in steppenartigen Pflanzungen in Gemeinschaft mit Katzenminze *(Nepeta x faassenii)*, Färberkamille *(Anthemis tinctoria)* oder Königskerze *(Verbascum)*.

Edle Schafgarbe

(Achillea nobilis)

Sie ist in Mittel- und Südeuropa verbreitet und besiedelt vor allem Trocken- und Halbtrockenrasen.

BESCHREIBUNG: Bildet 30 bis 50 cm hohe, duftende Horste aus filzig behaarten Blättern und 30 bis 50 cm hohen Stängeln, die cremeweiße schirmartige Trugdolden tragen.

BLÜTEZEIT: Mai bis Juni

VERWENDUNG: Insektenweidepflanze. An sonnigen Gehölzrändern, in Blumenwiesen und in naturnah gestalteten Gartenbereichen mit Wiesen-Salbei *(Salvia pratensis)* und Bergminze *(Calamintha nepeta)*.

Gemeine Wegwarte

(Cichorium intybus)

Diese alte Gemüse- und Heilpflanze wächst vor allem an Wegrändern und wurde früher vielseitig verwendet. Die Wurzeln dienten auch als Ersatz für Kaffee. Im Jahr 2020 wurde sie zur Heilpflanze des Jahres gewählt.

BESCHREIBUNG: Aus einem rhizomartigen Wurzelstock entspringen löwenzahnähnliche Blätter, die in einer Rosette angeordnet sind. Der Wuchs ist aufrecht horstartig, die Blütenstände werden 60 bis 100 cm hoch und tragen hellblaue Strahlenblüten.

BLÜTEZEIT: Juli bis September

VERWENDUNG: Neben dem Einsatz im Kräutergarten eignet diese Insektenweide-

pflanze sich auch bestens für Wildstaudenbeete und ist gemeinsam mit Klatschmohn *(Papaver rhoeas)* und Schafgarbe *(Achillea millefolium)* sehr dekorativ.

Gewöhnliches Sonnenröschen

(Helianthemum nummularium)

Diese reizende Staude besiedelt am Naturstandort in Europa vor allem Trockenrasen und Felsschutthalden.

Beschreibung: Bildet niederliegende, an der Basis verholzte Triebe mit immergrünen Blättern. Die Pflanze breitet sich teppichbildend aus und erreicht Höhen von 10 bis 30 cm. Die kräftig gelben schalenförmigen Blüten erscheinen zahlreich und sind Magneten für verschiedene Insekten.

Blütezeit: Juni bis September

Verwendung: Insektenweidepflanze. Als Bodendecker auf sonnigen Freiflächen, an Böschungen, im Steingarten oder als

Wegeinfassung. Sehr wirkungsvoll in Gesellschaft von Thymian *(Thymus serpyllum)*, dessen lilafarbene Blüten einen schönen Kontrast bilden.

Großer Ehrenpreis

(Veronica teucrium)

Diese schöne Pflanze kommt von Europa bis in die Mongolei vor und wächst an Waldrändern, in lichten Wäldern und in Halbtrockenrasen. Markenzeichen ist das leuchtende Blau der Blüten.

Beschreibung: Horste bildende Staude von 20 bis 50 cm Höhe, die Blätter sind länglich eiförmig, gezähnt und behaart. In den Blattachseln entfalten sich Blütenstände mit leuchtend blauen Blüten in langen Trauben.

Blütezeit: Mai bis Juli

Verwendung: Insektenweidepflanze. Eignet sich zum Verwildern im Naturgarten, aber auch auf Staudenbeeten, schön mit Moschus-Malven *(Malva moschata)* oder Steinkraut *(Alyssum saxatile)* mit seinen gelben Blüten.

Klatschmohn

(Papaver rhoeas)

Im Frühsommer auf Äckern und an Wegrändern mit leuchtend roten Blüten weithin sichtbar. Ursprünglich in Nordafrika und Asien beheimatet, hat er sich vor langer Zeit in Europa angesiedelt und gilt deshalb als heimische Pflanze.

BESCHREIBUNG: Einjährig; mit Pfahlwurzel, wird 50 bis 60 cm hoch und hat mehrfach gefiederte, borstig behaarte Blätter und leuchtend rote Schalenblüten mit schwarzer Mitte. Wegen der hauchdünnen Blütenblätter auch Seidenmohn genannt. Die Pflanze ist **leicht giftig,** Berührung mit austretendem Milchsaft vermeiden!

BLÜTEZEIT: Mai bis Juni

Verwendung: Insektenweidepflanze. In naturnah gestalteten Gartenbereichen mit anderen Wildarten wie Kornblumen *(Centaurea cyanus)*, Wiesen-Margeriten *(Leucanthemum vulgare)*, Wiesen-Salbei *(Salvia pratensis)* oder Wiesen-Glockenblumen *(Campanula patula)* ist er sehr wirkungsvoll. Auch auf Gartenbeeten in Gemeinschaft mit einjährigen Sommerblumen lässt er sich gut verwenden. Aussaat ist März oder April.

Küchen-/Kuhschelle

(Pulsatilla vulgaris)

Bis vor einem halben Jahrhundert war sie noch häufig in Halbtrocken- und Trockenrasen anzutreffen. Inzwischen ist sie durch intensive Bewirtschaftung der Flächen rar geworden.

BESCHREIBUNG: Aus einem rhizomartigen Wurzelstock entfalten sich fiederartige, tief eingeschnittene behaarte Blätter, denen später aufrechte Blütenstände von 5 bis 20 cm Höhe folgen. Die Blüten sind kräftig violett, einfach und glockenförmig, die Blütenhüllblätter pelzig behaart.

ACHTUNG: Alle Teile der Pflanze, insbesondere der Pflanzensaft, können bei Berührung zu Hautirritationen und bei Verzehr zu Vergiftungserscheinungen führen!

BLÜTEZEIT: März bis April

VERWENDUNG: Insektenweidepflanze. Sehr wirkungsvoll in Steingärten mit Polsterphlox *(Phlox subulata)*, auch in Naturgärten mit steppenartiger Bepflanzung.

Moschusmalve

(Malva moschata)

Ist in Europa heimisch und wird auch als Abelmoschus bezeichnet. Sie wächst an Feldrändern sowie Böschungen und ist eine klassische Art der Bauerngärten. Wegen ihrer Heilkraft gilt sie als alte Heilpflanze, die bei Harnweg- und Atemwegsinfektionen Verwendung findet.

Beschreibung: Die Moschus-Malve wächst buschig aufrecht und wird 50 bis 60 cm hoch. Die einfachen, schalenförmigen, rosafarbenen Blüten erscheinen zu mehreren am Stängel und verströmen einen leichten Duft.

Blütezeit: Juni bis September

Verwendung: Insektenweidepflanze. Wegen ihrem Wildartcharakter empfiehlt sich die Verwendung vor allem in Naturgärten, auf Blumen- und Staudenwiesen sowie am Rand von Rabatten. In der Küche eignen sich die Blüten als Dekoration oder als Beimischung zu Salaten.

Schwarze Königskerze

(Verbascum nigrum)

Sie ist in gemäßigten Regionen von Europa bis Asien verbreitet und wächst auf Trockenwiesen, an Böschungen und an Wegrändern in sonniger Lage auf trockenem Boden. Sehr empfehlenswerte, dekorative Wildpflanze.

BESCHREIBUNG: Zwei- bis mehrjährig, im zweiten Jahr bilden sich aus einer Rosette eiförmiger, graufilzig behaarter Blätter zahlreiche Blütenstängel bis 1 m Höhe. Die halbgefüllten gelben Blüten werden durch violette Staubfäden geziert, wodurch sie sehr attraktiv aussehen.

BLÜTEZEIT: Juni bis August

Verwendung: Insektenweidepflanze. Vor Gehölzen oder Sonnenmauern, auch in steppenartigen Pflanzungen in Gemeinschaft anderer Pflanzen wie Wiesen-Salbei *(Salvia pratensis)*, Färberkamille *(Anthemis tinctoria)* oder einjährigen Arten.

Steppen-Wolfsmilch

(Euphorbia seguieriana ssp. niciciana)

Sehr hübsche Pflanze, die in Europa vor allem Trockenrasen besiedelt und deshalb sonnige und trockene Standorte im Garten benötigt.

BESCHREIBUNG: Bildet attraktive halbkugelige, leicht überhängende Horste von 30 bis 40 cm Höhe mit silberblauen Blättern. Ein schöner Kontrast dazu sind die grünlichgelben Blütendolden.

ACHTUNG: Alle Pflanzenteile sind giftig, insbesondere der Milchsaft, der Hautreizungen verursachen kann!

BLÜTEZEIT: Juni bis Oktober

Verwendung: Insektenweidepflanze. Auf Freiflächen mit Wildstaudencharakter oder in Steingärten. Sehr wirkungsvoll in Gesellschaft von Kaukasus-Storchschnabel *(Geranium-Renardii-Hybr.)* 'Terre Franche' oder Katzenminze *(Nepeta racemosa 'Superba')*.

Tüpfel-Hartheu

(Hypericum perforatum)

Die alte schöne Heilpflanze wird auch als Tüpfel- oder Echtes Johanniskraut bezeichnet. Der Name bezieht sich auf Johannes den Täufer, da das Kraut zum Johannistag am 24. Juni blüht. Es wächst in Magerrasen, an Waldrändern und Gebüschsäumen sowie Heideflächen.

Beschreibung: Pflanze bildet einen Horst aus 30 bis 70 cm hohen Stängeln mit oval-eiförmigen, länglichen Blättern. Kleine Öldrüsen auf den Blättern verströmen einen angenehmen Duft. Die goldgelben Blüten sind schalenförmig und in einer lockeren Rispe vereinigt.

Blütezeit: Juni bis September

Verwendung: Insektenweidepflanze für Staudenbeete, in Kräuter- oder Naturgärten.

Weidenblättriges Ochsenauge

(Buphtalmum salicifolium)

Auch Goldmargerite genannt, wächst die Art in den Gebirgen Mittel- und Südeuropas auf Kalk-Magerrasen und sonnigen Standorten in trockenen Wäldern. Wegen ihrer Blühfreudigkeit und leuchtend gelben Blütenfarbe sehr wertvoll im Garten.

Beschreibung: Pflanze wächst kompakt und bildet einen Horst von 40 bis 50 cm Höhe, Blätter sind lanzettlich ganzrandig und die gelben Blüten einfach mit einem Durchmesser von 5 bis 10 cm.

Blütezeit: Juni bis September

Verwendung: Insektenweidepflanze. Auf Beeten und sonnigen Rabatten am Wegrand, schön auch in naturnah gestalteten Gartenpartien sowie als Steppenheidepflanze in Gemeinschaft von Blauem Natternkopf *(Echium vulgare)* oder Wiesensalbei *(Salvia pratense)*.

WEITERE SONNE UND TROCKENHEIT LIEBENDE ARTEN

- **Edelraute** *(Artemisia umbelliformis)* Blütezeit VII–IX, Farbe gelb, Höhe 20–25 cm
- **Fackellilie** *(Kniphofia uvaria)* Blütezeit VI–IX, Farbe gelb, orange, Höhe je nach Sorte 50–100 cm
- **Griechische Silbergarbe** *(Achillea umbellata)* Blütezeit VI–VII, Farbe weiß, Höhe 5–15 cm
- **Himalaya-Steppenkerze** *(Eremurus himalaicus)* Blütezeit V–VI, Farbe weiß, Höhe 130–180 cm

- **Hohes Fettblatt** *(Sedum telephium)* Blütezeit VIII–X, rosa bis purpurrot, Höhe 40–50 cm

- **Orientalische Schwertlilie** *(Iris orientalis)* Blütezeit VI, Farbe weiß, Höhe 100 cm

- **Perlkörbchen** *(Anaphalis triplinervis)* Blütezeit VI–IX, Farbe weiß, Höhe 25 cm

- **Pfirsichblättrige Glockenblume** *(Campanula persicifolia)* Blütezeit V–VII, Farbe blau-violett, Höhe 30–80 cm

- **Polster-Schleierkraut** *(Gypsophila repens)* Blütezeit V–VII, Farbe weiß, rosa, Höhe 15 cm

- **Riesen-Steppenkerze** *(Eremurus robustus)* Blütezeit VI–VII, Farbe Pfirsichrosa, Höhe 200–250 cm

- **Rosenwaldmeister** *(Phyopsis stylosa)* Blütezeit VI–VIII, Farbe dunkelrosa, Höhe 15–30 cm

- **Silber-Wermut** *(Artemisia stellariana)* Blütezeit VII–VIII, Farbe gelblich, Höhe 20–30 cm

- **Silbrigblättriges Heiligenkraut** *(Santolina chamaecyparissus)* Blütezeit VII–VIII, Farbe gelb, Höhe 10–50 cm

- **Teppich-Phlox** *(Phlox subulata)* Blütezeit IV–VI, Farbe je nach Sorte weiß, rosa, rot, blau, Höhe 5–15 cm

PFLANZENVERZEICHNIS

Titelfoto: Colourbox.de
Innenfotos: Tassilo Wengel außer Seite 7: Dr. Lutz Gebhardt; Seite 24, 45: Silvia Dorster; Seite 41: Colourbox.de; Seite 49: LianeM., Fotolia.com; Seite 67: Abraham (CC-BY-SA 4.0 international); Seite 80, 82: Pixabay.com